中央高校教育教学改革基金(本科教学工程)
“复杂系统先进控制与智能自动化”高等学校学科创新引智计划　联合资助
中国地质大学(武汉)“双一流”建设经费

C++程序设计实验指导书

(基于C++11标准)

C++CHENGXU SHEJI SHIYAN ZHIDAOSHU

(JIYU C++11 BIAOZHUN)

李长河　刘小波　徐　迟
陈　珺　叶亚琴　童恒建　编著

内容简介

本书是《C++程序设计(基于C++11标准)》的配套实验指导书,立足于培养工程实践能力强、创新能力强、具备国际竞争力的高素质复合型"新工科"人才,全面采用C++11新标准编写。本书注重培养学生语言的运用能力和解决实际问题的能力,内容涵盖新标准下C++程序的开发环境和调试、C++基本语法、基本数据结构、常用算法和综合实验。

图书在版编目(CIP)数据

C++程序设计实验指导书:基于C++11标准/李长河等编著.—武汉:中国地质大学出版社,2020.12(2022.7重印)

ISBN 978-7-5625-4951-2

Ⅰ.①C…
Ⅱ.①李…
Ⅲ.①C++语言-程序设计-高等学校-教学参考资料
Ⅳ.①TP312.8

中国版本图书馆CIP数据核字(2020)第246850号

C++程序设计实验指导书:基于C++11标准　　李长河　刘小波　徐　迟　陈　珺　叶亚琴　童恒建　**编著**

责任编辑:周　旭　　选题策划:毕克成　张晓红　周　旭　王凤林　　责任校对:张咏梅

出版发行:中国地质大学出版社(武汉市洪山区鲁磨路388号)　　邮政编码:430074
电　话:(027)67883511　　传　真:67883580　　E-mail:cbb @ cug. edu. cn
经　销:全国新华书店　　http://cugp. cug. edu. cn

开本:787毫米×1092毫米 1/16　　字数:121千字　　印张:5.25
版次:2020年12月第1版　　印次:2022年7月第2次印刷
印刷:武汉市籍缘印刷厂

ISBN 978-7-5625-4951-2　　定价:20.00元

自动化与人工智能精品课程系列教材

编委会名单

序

为适应新工科建设要求，推动自动化与人工智能融合发展，中国地质大学（武汉）自动化学院联合了教育部高等学校自动化类专业教学指导委员会和中国自动化学会教育工作委员会的有关专家，依托先进模块化的课程体系，有机融入“课程思政”的相关要求，突出前沿性、交叉性与综合性的新内容，组织编写了自动化与人工智能精品课程系列教材，服务于新时代自动化与人工智能领域的人才培养。

系列教材涵盖了专业基础课、专业主干课、专业选修课、课程设计等教学内容。教材设置上依托教育部高等学校自动化类专业教学指导委员会首批自动化专业课程体系改革与建设试点项目（全国五个试点项目之一）和中国地质大学（武汉）教育教学改革项目的研究成果，以“重视基础理论、突出实际应用、强化工程实践”的课程体系设计为主线。包括增强知识点教学的连贯性，提高对自动化系统结构认知的完整性；知识点对应的工具成体系，提高对主流技术和工具认知的完整性；面对特定应用环境的设计技术成体系，提高对行业背景下设计过程认知的完整性。充分体现以控制理论、运动控制、过程控制、嵌入式系统、测控软件技术、人工智能与大数据技术等为模块的教材设计。

本系列教材由教育部高等学校自动化类专业教学指导委员会委员、中国自动化学会教育工作委员会委员、高校教学主管领导和教学名师担任编审委员会委员，并对教材进行严格论证和评审。

本系列教材的组织和编写工作从2019年5月开始启动，并与中国地质大学出版社达成合作协议，拟在3至5年内出版20种左右教材。

本系列教材主要面向自动化、测控技术与仪器及相关专业的本科生、控制科学与工程及相关专业的研究生以及相关领域和部门的科技工作者。一方面为广大在校学生的学习提供先进且系统的知识内容，另一方面为相关领域科技工作者的学习和工作提供适当的参考。欢迎使用该系列教材的读者提出批评意见和建议，我们将认真听取意见，并作修订。

自动化与人工智能精品课程系列教材编委会

2020年12月

前　言

C++ 语言作为一种通用程序设计语言，支持数据抽象，面向对象编程、泛型编程以及底层的内存管理，且兼容 C 语言，是系统编程、桌面应用、服务器软件、嵌入式系统、游戏、实时系统、高性能计算等领域首选的编程语言，也是人工智能和机器人领域最受欢迎的编程语言之一。C++ 语言是高等学校理工科专业普遍开设的具有很强工程实践性的一门课程，现已成为程序设计课程的主流。

目前，我国还缺少新标准下 C++ 程序设计的实验教材，已有实验教材内容仍然比较传统，开发工具落后，无法适应新形势下人才培养要求。为此，在培养“新工科”人才的时代要求和“中国制造 2025”的战略背景下，结合 C++ 语言的新发展，利用新标准下的开发工具，编写程序范例和实验题目，并体现专业特色就显得尤为重要。本书主要有以下特点：

1、内容设计上遵循基础性、循序性、先进性和实用性的原则。利用支持新标准的开发工具，内容由浅入深、由基础到综合，提供了大量的示例程序，有利于学生克服畏难心理，是对专业教材的有益补充。

2、突出编程思维和编程能力的培养。通过实验提示，启发学生思维，培养学生的逻辑分析和解决问题的能力。

3、强调语言运用，提高工程实践能力。把 C++ 语言作为一种工具，摒弃以语法为主的实验题目，强调算法设计和数据结构的使用，注重解决实际问题。

4、内容选材上体现专业特色。实验内容考虑了计算机科学、控制科学、测控与仪器、人工智能等学科特色，培养专业兴趣。

本书每一章的内容包含实验目标和实验习题两个部分。实验习题包含示例程序、实验要求等。同时，本书还包含课程设计题目以及课程报告撰写要求。

本书由李长河主持编写，刘小波、徐迟、陈珺、叶亚琴和童恒建参与相关内容的审定，书中的示例代码由中国地质大学（武汉）智能优化与学习实验室编写。本书所有实验数据可在以下网址获取：https://github.com/Changhe160/book-cplusplus/tree/master/practice/data。

感谢读者选择使用本书，欢迎您对本书内容提出意见和建议，我们将不胜感激。

李长河

lichanghe@cug.edu.cn

2020 年 6 月于中国地质大学（武汉）

目　录

第一章　初识 C++ 程序

实验目标

本章实践 C++ 程序的基本要素以及 C++ 程序的编译和调试，并通过实验掌握以下内容：

1. 初步学会使用 Microsoft Visual Studio 集成开发环境（IDE）。
2. 独立上机编写、调试以及运行一个简单的 C++ 程序。
3. 掌握 C++ 程序的基本结构。
4. 掌握 C++ 基本数据类型和运算符。
5. 熟悉输入、输出方法。

实验一　Visual Studio 控制台应用程序设计步骤

学习 C++ 语言的第一步是掌握开发工具，本书在 Windows 系统下以 Visual Studio 为开发环境。下面是一个实例，讲解 Visual Studio Community 2017（VS 2017）①的安装、工程建立、代码编写、程序编译和调试运行。该程序要求用户从键盘输入 3 个整数，然后按照从小到大的顺序在屏幕上输出。

- **步骤一　VS 2017 的下载和安装步骤。**

1. 在浏览器网址栏输入：https://visualstudio.microsoft.com 或搜索“Visual Studio IDE”，在如图1－1a所示选项中选择下载 Windows 版本“Community 2017”②，然后会自动下载一个在线安装器文件。

2. 双击此安装器文件，进入选择安装页面（图1－1b），在【工作负载】选项中勾选“使用 C++ 的桌面开发”，并设置好安装路径，点击安装即可。

- **步骤二　启动 VS 2017 集成开发环境。**

启动并进入 VS 2017 集成开发环境至少有以下 3 种方法。

①尽管 Visual Studio 版本会不断更新，但其界面和编写程序的基本步骤是类似的。
②Community 是免费社区版，可以提供给个人开发者、开源项目、科研、教育以及小型专业团队使用。

1. 选择开始菜单的“程序”，然后选择 Microsoft Visual Studio 2017 级联菜单，再选择 Visual Studio 2017 菜单项，如图1－2所示。

(a) Visual Studio Community 2017 下载

(b) VS 2017 C++ 安装界面

图 1－1　Microsoft Visual Studio 2017 下载与安装

图 1－2　VS 2017 打开图标

2. 在桌面上创建 VS 2017 的快捷方式，直接双击该图标。

3. 如果已经创建了某个 C++ 工程，双击扩展名为.sln 的文件图标或者扩展名为.vcxproj 文件图标[①]，也可进入集成开发环境，并打开该工程。选择【文件 | 退出】菜单，可退出集成开发环境。

- **步骤三　创建一个空项目并添加源文件。**

1. 进入 VS 2017 集成开发环境后，选择【文件 | 新建 | 项目】菜单项（图1－3），单击【项目】标签，弹出新建对话框，或者选择快捷键 Ctrl+Shift+N，进入创建项目页面。在其左边的列表框中点击【Visual C++】，然后在右边选项中选择【空项目】，在【名称】文本框中输入项目名 exp1_1，在【位置】文本框中输入项目保存的位置，单击【确定】按钮。如图1－4所示，即可创建一个空项目。

2. 接下来为空项目新建一个源文件（.cpp），用鼠标右键单击源文件处，选择【添加 | 新建项】，或者按快捷键 Ctrl+Shift+A（图1－5）。然后在左边的列表框中点击【Visual C++】，

[①] .sln 是解决方案文件，vcxproj 是工程文件，一个解决方案里面可以包含多个 C++ 工程。

在右边选项中选择【C++ 文件 (.cpp)】，在【名称】文本框中输入文件名 exp1_1，单击【添加】按钮即可（图1－6）。

图 1－3　新建一个 C++ 项目

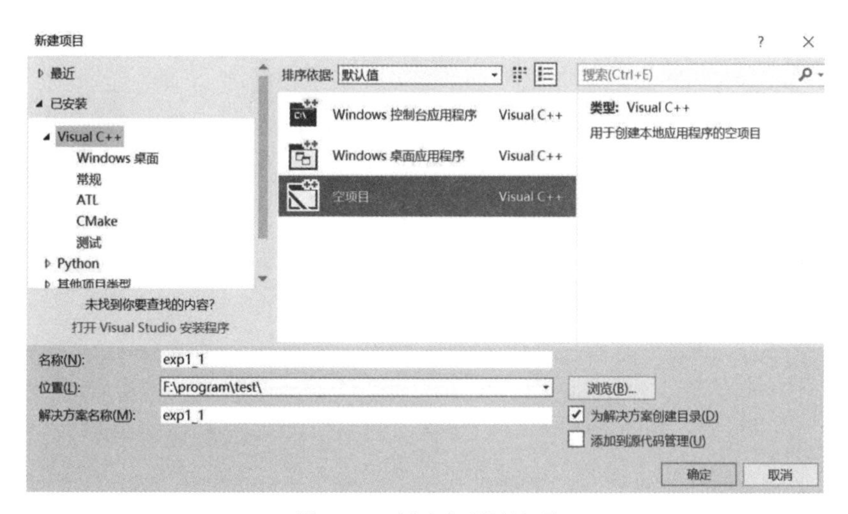

图 1－4　新建空项目选项

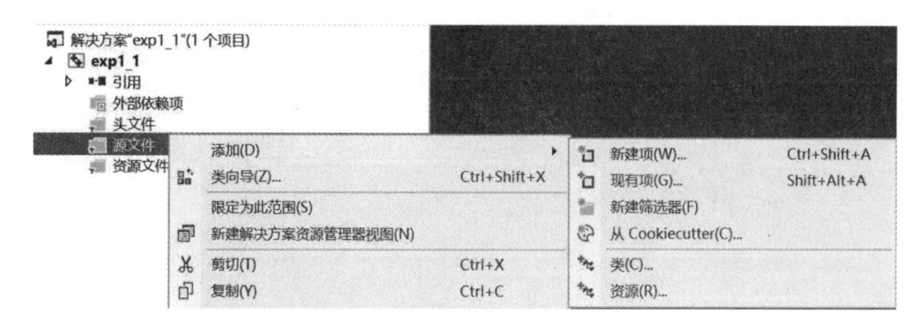

图 1－5　为空项目添加源文件

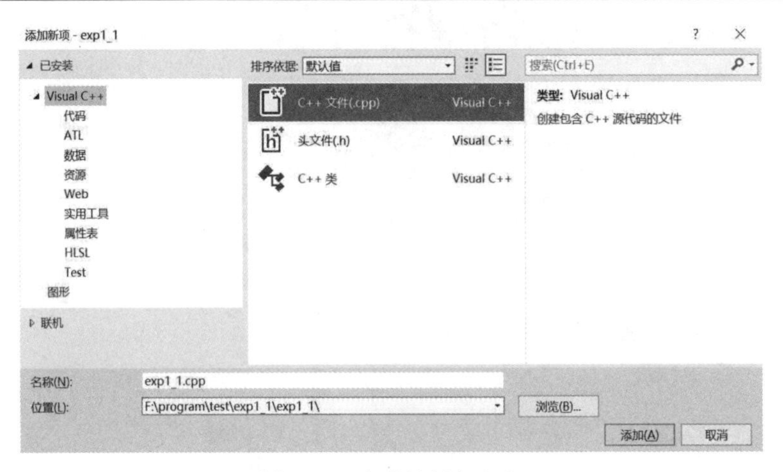

图 1－6　文件选择与命名

- **步骤四　程序的编辑、编译、生成和执行。**

1. 在新建源文件中编辑源代码（图1－7）。也可以添加已经存在的源文件，用鼠标右键单击【源文件 | 添加 | 现有项】菜单项或按组合键 Alt+Shift+A（图1－8）。在随后打开的插入文件对话框中选择待添加文件，单击【添加】按钮即可将其添加到项目。

```
6   int main() {
7       int num1, num2, num3;
8       int max, min;
9       cout << "Please enter 3 integers:\n";
10      cin >> num1 >> num2 >> num3;
11      if (num1>num2) {
12          max = num1;
13          min = num2;
14      }
15      else; {
16          max = num2;
17          min = num1;
18      }
19      if (num3>max) {
20          cout << num3 << '\t' << max << '\t' << min << '\n';
21      }
22      else if (num3<min) {
23          cout << max << '\t' << min << '\t' << num3 << '\n';
24      }
```

图 1－7　源代码编辑

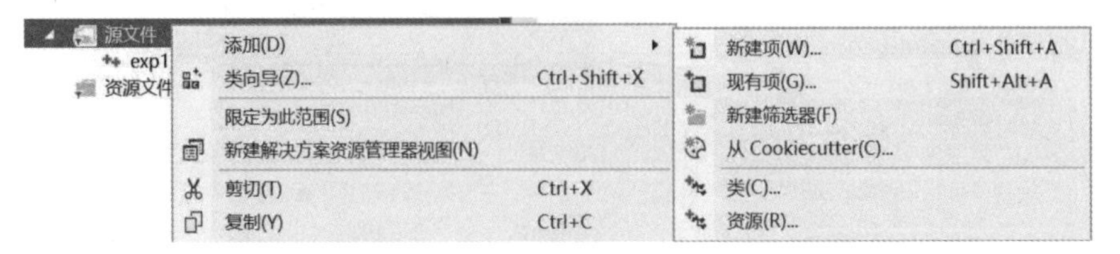

图 1－8　为空项目添加已有文件

2. 要求输入 3 个不等的整数后按 Enter 键，屏幕上由大到小输出这 3 个整数，代码清单如下。

程序示例

```
#include <iostream>
using namespace std;
int main() {    //程序从 main 函数开始执行
    int num1, num2, num3;
    int max, min;
    cout << "Please enter 3 integers:\n";
    cin >> num1 >> num2 >> num3;
    if (num1 > num2) {
        max = num1;
        min = num2;
    }
    else {
        max = num2;
        min = num1;
    }
    if (num3 > max) {
        cout << num3 << '\t' << max << '\t' << min << '\n';
    }
    else if (num3 < min) {
        cout << max << '\t' << min << '\t' << num3 << '\n';
    }
    else {
        cout << max << '\t' << num3 << '\t' << min << '\n';
    }
    return 0; //返回一个整数值
}
```

3. 源代码输入完后，点击菜单栏【生成 | 生成解决方案】或按 F7 快捷键，即可编译源文件 exp1_1.cpp。系统会在输出窗口显示出错（error）信息以及警告（warning）信息，如图1－9所示。编译器在“输出”窗口给出语法错误信息。

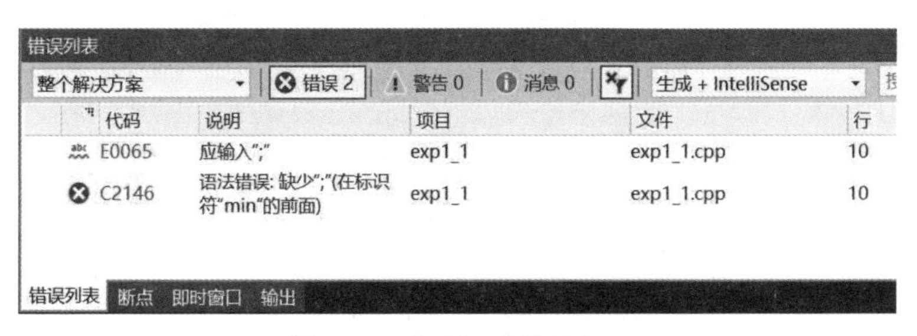

图 1－9　代码调试错误窗口

处理错误：从第一条错误提示开始，鼠标双击错误信息可跳转到错误源代码位置处，然后进行修改①。一个语法错误可能引发系统给出很多条错误信息。因此，发现一个错误并修改后最好重新编译一次，再处理下一个错误，以便提高工作效率。当错误为 0 时，即通过了编译，编译器会生成目标文件（exp1_1.obj）。

处理警告：一般是触发了 C/C++ 的自动规则，如将一个单精度（浮点）型数据赋给整型对象，需要系统将单精度型数据自动转换为整型，此时小数部分会丢失，因而系统给出警告信息。虽然警告信息不会影响程序执行，但可能造成结果与预期不一致，因此应该尽量消除警告。本例可以通过强制转换去掉警告信息（具体方法见第二章中的实验一）。

- **步骤五　程序的调试**

程序成功编译并不意味着程序能够成功运行，此时还需借助调试工具进行跟踪调试，解决程序潜在的逻辑错误。下面介绍调试过程。

1. 首先在源程序中可能出现错误的行上设置断点，方法是将光标移至该行，然后按 F9 键，此时该行左侧出现一个红色圆点，断点设置成功，再按一次 F9 键即可取消断点。如图1－10就是在第 8 行设置了断点。

```
exp1_1                                  (全局范围)
 1  #include <iostream>
 2  using namespace std;
 3  int main() {
 4      int num1, num2, num3;
 5      int max, min;
 6      cout << "Please enter 3 integers:\n";
 7      cin >> num1 >> num2 >> num3;
 8 ●    if (num1>num2) {
 9          max = num1;
10          min = num2;
11      }
12      else {
13          max = num2;
14          min = num1;
15      }
16      if (num3>max) {
17          cout << num3 << '\t' << max << '\t' << min << '\n';
```

图 1－10　设置断点

2. 选择【调试 | 开始调试】菜单命令（也可直接单击工具栏上的图标）或按 F5 快捷键，程序开始执行。但执行到断点处停止，桌面会跳出自动窗口，自动窗口显示对象的值，若要观察某些对象的值，分析并查找出错原因，可以将对象加入监视窗口。如在监视窗口加入 max 和 min 两个对象进行监视，方法是：在局部对象窗口选择对象 max 和 min，单击右键，选择【添加监视】即可。监视窗口的每一行显示一个对象，其中左栏显示对象名，双击它可进行编辑；中间栏显示对象的值；右栏显示对象类型。

接下来可按 F10 键（不跟踪进入函数内部）或 F11 键（跟踪进入函数内部）从断点位置处单步执行（逐条语句执行）。通过单步执行可以看出我们所观察对象的变化以及程序执行流程是否正确，如果不正确是由哪条语句引起的，可以有针对性地检查错误原因。例如

①注意：有时候真正的错误并不一定出现在错误提示的地方。

在本例中，尽管 num1 > num2, 在执行了 if 后面的 {max=num1; min=num2; } 后，通过单步执行发现仍然执行了 else 后面的 {max=num2; min=num1; }，所以当程序执行到箭头所指位置时，max=45，min=48（图1－11），与预期结果不相符，说明程序存在逻辑问题。此时再仔细查看和分析源程序，发现问题在于紧跟 else 后有一个多余的分号。去掉此分号，重新调式后问题得到了解决。

调试过程中，监视窗口动态显示各对象值随程序执行而变化的结果。经过反复的修改和调试，使程序中所有问题得到改正后，可得到正确的执行结果。如图1－12所示，输入 3 个整数，按从大到小的顺序输出了 3 个数。

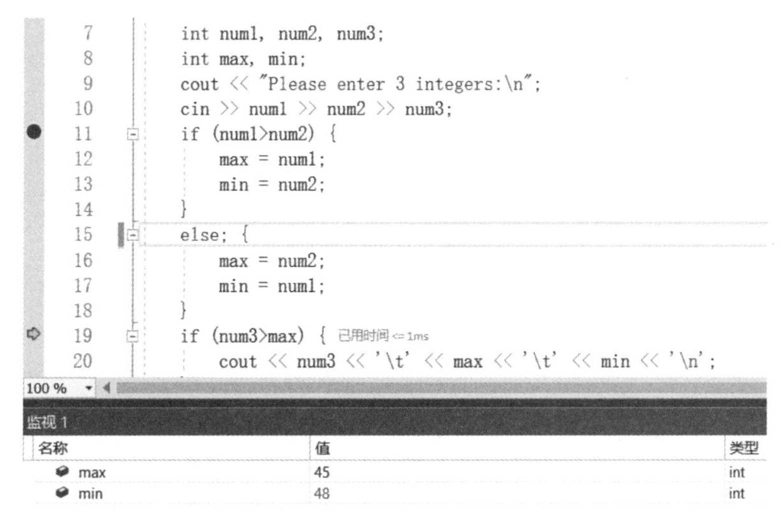

图 1－11　断点调试

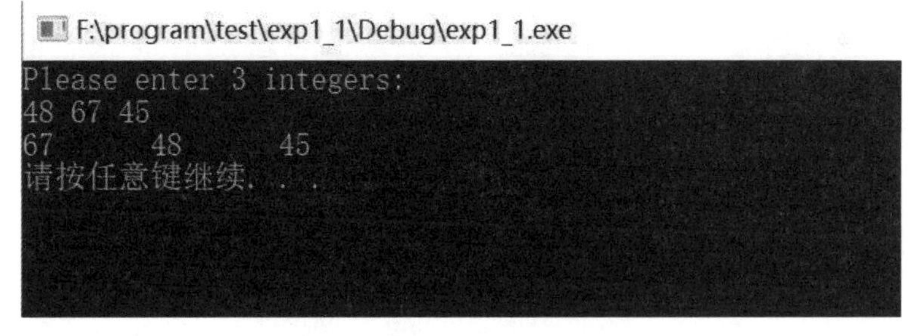

图 1－12　命令窗口结果显示

【练　习】

建立简单控制台程序。使用 VS 2017 开发环境来调试以下源程序。

程序示例

```
1  #include <iostream>
2  #include <cmath>                    //使用 sqrt 函数
3  using namespace std;
```

```
4  int main() {
5      double num1, num2, num3, s, area;
6      cout << "num1,num2,num3 = ";
7      cin >> num1 >> num2 >> num3;     //输入三角形的三条边
8      s = (num1 + num2 + num3) / 2.0;
9      area = sqrt(s*(s - num1)*(s - num2)*(s - num3));// 求三角形面积
10     cout << "area= " << area << endl;
11     return 0;
12 }
```

【实验要求】

1. 根据操作过程填写表1－1。

表1－1　记录表

内容	操作	说明或结果分析
进入 VS 2017		
建立工程为“exp2_2”		
添加源文件		
编辑代码		
编译程序		
调试程序		
运行程序		

2. 采用表1－2中各组数据输入测试，通过监视窗口，记录执行每一条语句后 num1、num2 和 num3 的变化情况。如果出现问题，请分析原因，思考如何解决。

表1－2　测试数据

序号	num1	num2	num3
1	3	4	5
2	3	4	12
3	0	6	2
4	–2	7	9

3. 修改程序。

(1) 把 double 改为 int 重新编译程序，会出现什么编译信息？什么原因？

(2) 把 s 和 area 定义为 double 可以消除编译错误吗？为什么？

(3) 采用以下数据输入测试，记录输出结果，分析原因。

3.45　5.618　4.012

(4) 增加输出 num1、num2、num3 对象值的语句，观察输入不同数据时对象值的变化。

实验二　一个简单的 C++ 程序

编写满足要求的程序：根据输入的球半径，分别计算球的表面积、体积。

提示

球的表面积计算公式为：

$$S = 4\pi r^2$$

球体积计算公式为：

$$V = \frac{4}{3}\pi r^3$$

【实验要求】

1. 要求输入前应有提示性输出，如“Please input the radius of the ball: ”。
2. 对象的命名，最好能见文知义，如 radius、volume 、weight 等。
3. 在计算公式中使用正确的数据类型。

第二章　基本数据类型和表达式

实验目标

本章实践 C++ 基本数据类型、对象的基本属性、const 修饰符、类型自动推导、运算符和表达式计算，通过实验掌握以下内容：

1. 掌握基本数据类型的内存结构。
2. 掌握运算符的基本属性。
3. 掌握表达式求值的基本方法。

实验一　基本数据类型

编写程序，其中包括常量、类型自动推导、类型转换、常用运算符和转义字符的使用。

【实验要求】

1. 在调试过程中，通过监视窗口观察相关对象值的变化情况。
2. 观察 sizeof 的输出结果，说明其含义。

程序示例

```
1  #include <iostream>
2  using namespace std;
3  int main() {
4      int r(0);
5      const double pi = 3.1415926;
6      auto area = 0., sum = 0.;
7      area = pi * r * r;
8      sum += area;
9      cout << "The area is" << area << "\n The sum area is \t "
10          << sum << endl;
11     ++r;
```

```
12      area = pi * static_cast<double>(r * r);
13      {
14          decltype (area) sum(0);
15          sum += area;
16          cout << "The sum area is " << sum << endl;
17      }
18      cout << "The area is" << area << "\n The sum area is \t "
19           << sum << endl;
20      cout << "The size of r " << sizeof(r) << " "
21           << "The size of int " << sizeof(int) << endl;
22      cout << "The size of area " << sizeof(area) << " "
23           << "The size of double " << sizeof(double) << endl;
24  }
```

实验二　表达式求值

编写如下程序，分析表达式的求值过程。

【实验要求】

1. 通过监视窗口观察在表达式求值过程中对象值的变化。
2. 在语句块内部添加 cout 语句，输出相关对象的值。

程序示例

```
1  #include <iostream>
2  using namespace std;
3  int main(){
4      {
5          int i = 0, j = 0;
6          double d = 3.14159;
7          i = d;
8          i = 0, j = 0;
9          i = j = 5;
10         i = 2 + (j = 4);
11     }
12     {
13         int counter = 0, i = 1, j = 1;
14         counter += 1;
15         i *= j + 3;
16     }
17     {
```

```
18         int i = 1, j = 2;
19         bool b = !i && ++j;
20     }
21     {
22         int i, j;
23         i = (j = 3, j += 6, 5 + 6);
24     }
25     {
26         int a = 4, b = 5, c = 6, max;
27         max = a > b ? (a > c ? a : c) : (b > c ? b : c);
28     }
29     {
30         short a = 3, b = 5;
31         cout << "~b " << ~b << endl;
32         cout << "b<< " << (b << 1) << endl;
33         cout << "b>> " << (b >> 1) << endl;
34         cout << "a&b " << (a & b) << endl;
35         cout << "a|b " << (a | b) << endl;
36         cout << "a^b " << (a ^ b) << endl;
37     }
38     {
39         double i = 5., j = 3.;
40         int k = static_cast<int>(i / j);
41         double d = i / (double)j;
42     }
43     return 0;
44 }
```

第三章　语句控制结构

实验目标

本章实践 C++ 基本语句控制结构，包括分支语句、循环语句以及跳转语句，通过实验掌握以下内容：

1. 流程控制语句用于实现基本程序结构，是程序设计的基础，要求掌握条件语句和开关语句的使用。

2. 掌握 3 种循环结构：while、do-while、for 的区别与联系，以及它们之间相互转换的方法，并能正确使用它们。

3. 掌握 break 语句和 continue 语句的使用方法。

实验一　判断一个数的奇偶性

输入一个整数，判断它的奇偶性并输出结果。

【分　析】

判断一个数是否为偶数，只需要判断它是否能被 2 整除。若能则为偶数，否则为奇数。

程序示例

```
1  #include <iostream>
2  using namespace std;
3  int main() {
4      int input;
5      cout << "which number do you want to test:\n";
6      cin >> input;
7      if (input % 2) {
8          cout << "number" << input << '\t' << "is odd.";
9      }
10     else {
11         cout << "number" << input << '\t' << "is even.";
```

```
12        }
13        return 0;
14    }
```

【实验要求】

1. 分别使用数据 345、680、–34 作为输入数据测试程序，分析程序结果并按照表3－1做好记录。

表 3－1 调试记录表

输入	结果

2. 使用上述数据测试结果正确吗？如果有不正确之处请修改。

3. 请修改 if (input%2) 中的表达式，使程序仍然能正确执行。

实验二 求一元二次方程的根

请给出系数 a，b，c 的值，求一元二次方程 $ax^2 + bx + c = 0$ 的解。

【实验要求】

利用 if-else 结构编写源代码并调试运行，根据表3－2给出的输入记录结果。

表 3－2 调试记录表

输入	结果
$a = 0,\ b = 0,\ c = 4$	
$a = 0,\ b = 2,\ c = 4$	
$a = 1,\ b = 2,\ c = 0$	
$a = 2,\ b = 1,\ c = 1$	

实验三　根据分数求等级

输入一门课程的成绩，若不低于 90 分，输出“grade A”；若不低于 80 分而低于 90 分，输出“grade B”；若不低于 70 分而低于 80 分，输出“grade C”；若不低于 60 分而低于 70 分，输出“grade D”；否则输出“Failed”。

【实验要求】

1. 使用 if-else 语句和 switch 语句两种方法实现。
2. 分析 if-else 语句和 switch 语句的区别，switch 语句特别适合于什么情况使用？
3. 使用 switch 语句时应注意什么？

实验四　判断一个数是否是 3 或 7 的倍数

输入一个整数，判断其是否是 3 或 7 的倍数，可分为 4 种情况输出。

【实验要求】

1. 是 3 的倍数，但不是 7 的倍数。
2. 是 7 的倍数，但不是 3 的倍数。
3. 既是 3 的倍数，也是 7 的倍数。
4. 既不是 3 的倍数，也不是 7 的倍数。

实验五　大小写字母转换

编写一个程序：从键盘键入一串字符，要求实现大小写字母的相互转换，并输出。

【分　析】

由 ASCII 码表可知，大写英文字母的 ASCII 码值在 65~90 之间，小写英文字母的 ASCII 码值在 97~122 之间，每一个英文字母的大写和小写的 ASCII 码相差 32。

实验六　计算求圆周率的近似值

编程计算 π 的近似值 (要求小数点后面 10 位)，可利用下列公式计算 π 值：

$$\frac{\pi}{2} = 1 + \frac{1}{3} + \frac{1}{3} \times \frac{2}{5} + \frac{1}{3} \times \frac{2}{5} \times \frac{3}{7} + \cdots$$

其中，第 n 项 a_n 与前一项 a_{n-1} 的关系如下：

$$a_n = a_{n-1} \times \frac{n-1}{2n-1}$$

程序示例

```
1  #include <iostream>
2  using namespace std;
3  int main() {
4      long int i(0);
5      double sum(0), pi, term(1.);
6      do {
7          sum += term;
8          i++;
9          term = term * (i - 1) / (2 * i - 1.0);
10     } while (term >= 1.0e-10);
11     pi = 2 * sum;
12     cout << "pi=" << pi << endl;
13     return 0;
14 }
```

【实验要求】

1. 输入程序编译后使用 Debug 跟踪，单步执行程序，记录表3 – 3中对象值的变化。
2. 从跟踪结果分析，term 和 sum 的值有什么错误？
3. 循环结束后，i 的值是多少？用什么简单的办法可以看到？
4. 对程序作何修改可以使其得到正确的结果？
5. 查找资料，使程序输出小数点后面 10 位数字[①]。

[①] 参考《C++ 程序设计（基于 C++11 标准）》第 204 页。

表 3-3　调试记录表

i	term	sum

实验七　循环打印三角形

观察图3-1中的图形规律，给出打印行数，打印输出三角形。

图 3-1　三角形

【分　析】

三角形的形状由空白和星形符号组成，分析每一行要输出几个空格和几个星形符号，就可以得到三角形的图形规律。

实验八　对字符进行统计

输入若干字符，统计其中数字字符、空白字符和其他字符的个数，输入 EOF 结束。

【分　析】

要对字符进行统计，需要循环语句反复输入字符，读入字符后用 switch 语句判断字符的种类：要统计 3 种字符数，需要定义 3 个用于计数的对象 nDigit，nWhite，nOther, 并置初始值 0；读入字符用 cin.get() 函数，在这里用 while 循环比较合适。白字符指空白键、Tab 键和回车键。EOF 表示 End of File，其值为 –1，从键盘输入 CTRL+Z 键即可。

【实验要求】

1. 程序中的对象 c ，可以定义为 char 类型吗？请试之，并解释原因。
2. 请注意程序中 case 分支语句后的 break 语句，break 能去掉吗？为什么？
3. 如果要分别统计 0 ~ 9 中各数字出现的次数，怎样才能有效地实现？请修改程序。
4. 如果要统计输入的一段文字中出现的行数、单词数和字符数，又怎样有效地实现？

程序示例

```
1  #include <iostream>
2  #include <stdlib.h>
3  using namespace std;
4  int main() {
5      int c;
6      int nWhite, nOther, nDigit;
7      nWhite = nOther = nDigit = 0;
8      c = cin.get();          //从流中读取一个字符并返回一个整数
9      while (c != EOF) {
10         switch (c) {
11         case '0':case '1':case '2':case '3':case '4':
12         case '5':case '6':case '7':case '8':case '9':
13             nDigit++;
14             break;
15         case ' ':case '\n':case '\t':
16             nWhite++;
17             break;
18         default:
19             nOther++;
20             break;
21         }
22         c=cin.get();         //读入下一个字符
23     }
24     cout << "Digits=" << '\t' << nDigit << '\n';
25     cout << "White space=" << '\t' << nWhite << '\n';
26     cout << "Other Chars=" << '\t' << nOther << '\n';
27     system("pause");
28     return 0;
29 }
```

第四章　复合类型、String 和 Vector

实验目标

本章实践引用、指针、数组、String 和 Vector 类型的使用方法，通过实验掌握以下内容：

1. 掌握引用和指针的概念及应用。
2. 熟练应用数组与多维数组。
3. 掌握指针与数组的关系。

实验一　进制转化

无论是各种芯片的内存地址分配，还是数字逻辑电路中，都会用到进制的转换，特别是二进制、十进制和十六进制之间的转换。编写程序输入一个十进制表示的正整数，将其转换成二进制并输出结果。

【分　析】

将一个十进制整数转换为二进制，可以通过以下方法实现：除以 2 取余，然后倒序排列，高位补零。

程序示例

```
1  #include <iostream>
2  int main() {
3      int num, i, j = 0;
4      int a[100];                    //存储二进制编码
5      std::cin >> num;
6      i = num;
7      while (i)                      //对 2 取余并除以 2，直到商为 0 时为止
8      {
9          a[j] = i % 2;
```

```
10            i /= 2;
11            ++j;
12        }
13        for (i = j - 1; i >= 0; i--)//逆序输出
14            std::cout << a[i];
15        return 0;
16    }
```

实验二　利用指针访问数组

通过键盘输入 10 个整数存入一维数组中，再按反序输出。

程序示例

```
1   #include <iostream>
2   using namespace std;
3   int main() {
4       int value[10];
5       for (int i = 1; i <= 10; i++) {
6           cout << " 请输入第 " << i << " 个整数：" << endl;
7           cin >> value[i-1];
8       }
9       cout << " 反序输出：" << endl;
10      for (int i = 9; i >=0; i--) {
11          cout << value[i] <<' ';
12      }
13      return 0;
14  }
```

【实验要求】

修改程序，用指针访问数组元素的方法反序输出。

实验三　利用指针访问二维数组

定义一个 5×5 二维数组，用来存放整型数据。

【实验要求】

1. 用指针按照从左往右、从上到下的次序依次为每个数据赋值，值从 1 开始递增。
2. 用指针将二维数组的右上部分全部置 0（对角线不变）。

实验四　判断字符串是否是回文

判断用户输入的 C 字符串是否为回文（顺读和反读相同的串），例如串 12321、madam。

程序示例

```
1  #include <iostream>
2  #include <cstring>
3  using namespace std;
4  const int SIZE = 100;
5  int main() {
6      char carray[SIZE];
7      int i, len, is_palindrome = 1;
8      cout << "Please input a string ..\n";
9      cin.get(carray, SIZE);
10     len = strlen(carray);
11     for (i = 0; i < len / 2; i++) {
12         if (carray[i] != carray[len-1-i]) {
13             is_palindrome = 0;
14             break;
15         }
16     }
17     if (is_palindrome) cout << "The string is a palindrome\n";
18     else cout << "The string isn't a palindrome\n";
19     return 0;
20 }
```

【实验要求】

1. 重新定义回文为：滤去所有非字母字符（包括空格）后，不考虑字母的大小写，从左向右和从右向左读都相同的词或短语。如“Madam, I'm adam”和“Golf, No Sir, prefer prison flog!”。
2. 改写上面程序，用 String 来代替字符数组，并用指针来完成相同操作。

实验五　约瑟夫问题

约瑟夫（Josephus）问题：n 个人围坐成一圈，从 1 开始顺序编号；游戏开始，从第一个人开始由 1 到 m 循环报数，报到 m 的人退出圈外，问最后留下的那个人原来的序号。

【分　析】

本题可定义一个容器 (vector <bool>)，初始化大小（元素个数）为 n。容器里元素的值标识该人是否出局，1 在圈内，0 出局。值为 0 的元素不参加报数。可用一个整型数 k 作计数器，采用倒计数，记录留下的人数。

提示

容器里的元素是线性排列的，而人是围成圈的，用容器表示要有一种从容器尾部跳到其头部的技巧，即下标加 1 除以 n 求余数。

实验六　猜字游戏

猜字游戏，规则如下：初始化一个单词集合，游戏开始时，随机选择一个单词让玩家来猜，玩家每次只能猜一个字母，如果选择的单词里有玩家所猜的字母，则玩家猜测成功并显示单词里所有猜中的字母；如果单词里没有所猜字母，则猜测失败；共有 6 次机会。

提示

假如系统选择了单词 good，玩家第一次猜测为 a，程序提醒玩家猜错，还有 5 次机会，并显示玩家已经猜过的字母和到当前为止所猜的单词中正确的猜测（没有猜中的字母用 * 代替，第一次没有猜中所以显示 ****）；第二次如果玩家猜 o，猜测正确，显示玩家到当前为止所猜的单词中正确的猜测，其他未猜中的用 * 代替（*oo*）；第三次如果玩家猜 a，提醒玩家此字母已经猜过，请重试，并显示玩家所有猜错的字母。依次进行，直到玩家猜中或者猜错的次数达到最大限制次数，此次猜单词游戏结束，询问玩家是否继续下一个单词的猜测。

程序示例

```
1  #include <iostream>
2  #include <string>
3  #include <cstdlib>  //for srand(),rand()
4  #include <ctime>    //for time()
5  using namespace std;
```

```
6  int main() {
7      const int NUM = 26;
8      // 初始化一个单词库
9      const string wordlist[NUM] = {
10         "program","cat","cereal","danger","good","florid",
11         "garage","heal","insult","joke","keeper","loaner",
12         "nonce","onset","ok","quilt","remote","stolen","train",
13         "useful","valid","where","xenon","cool","result"
14     };
15     srand(time(0));
16     char play;
17     cout << "Will you play a word game?<y/n>";
18     cin >> play;
19     while (play == 'y' || play == 'Y') {
20         // 从单词库随机选一个单词 rand() 产生一个随机正整数
21         string target = wordlist[rand()%NUM];
22         //***** 请在下面补充你的代码 *****************//
23 
24         //***** 代码填充截止 ***********************//
25         cout << "Will you play another?<y/n>";
26         cin >> play;
27     }
28     cout << "Bye." << endl;
29     return 0;
30 }
```

实验七　EAN-13 条形码校验

EAN-13 条形码所表示的代码由 13 位数字组成，前 3 位数字为前缀码，目前 EAN 分配给我国并已启用的前缀码为“690”、“691”、“692”。例如，当前缀码为“690”、“691”时，第 4 ~ 7 位数字为厂商代码，第 8 ~ 12 位数字为商品项目代码，第 13 位数字为校验码；当前缀码为“692 ”时，第 4 ~ 8 位数字为厂商代码，第 9 ~ 12 位数字为商品项目代码，第 13 位数字为校验码。

此处采用 String 类型来表示 EAN-13 条形码，将其转化为 vector<int> 类型，记为 *num*，校验算法如下。

第 1 步：$code\_odd = num[0] + num[2] + num[4] + num[6] + num[8] + num[10]$;

第 2 步：$code\_even = (num[1] + num[3] + num[5] + num[7] + num[9] + num[11]) * 3$;

第 3 步：$code\_check\_1 = (code\_odd + code\_even)\%10$;

第 4 步：$code\_check\_2 = (10 - code\_check\_1)\%10$；
若 $code\_check\_2$ 等于 $num[12]$，条形码正确；否则，条形码错误。

编写一个检验 String 类型的 EAN-13 条形码是否正确，并显示厂商代码、商品项目代码、校验码的程序。

【实验要求】

利用 if-else 结构编写源代码，测试表4－1中 EAN-13 条形码是否正确，判断是否为中国的条形码。

表 4－1　测试数据

EAN-13 条形码	是否正确	是否属于中国
6901234567892		
6915824967091		
6701284084892		

第五章　函　数

实验目标

本章实践函数的定义、参数传递、返回值、特殊用途函数、对象的存储周期、函数指针、递归程序设计方法、编译预处理及多文件结构，通过实验掌握以下内容：

1. 掌握函数的定义及调用方法。
2. 理解函数的参数传递作用以及函数声明。
3. 掌握引用作为函数参数的方法。
4. 掌握指针或数组作为函数参数的函数定义及调用方法。
5. 了解内联函数、重载函数、带默认参数函数的定义及使用方法。
6. 掌握作用域的概念、变量的存储类型及它们之间的差别。
7. 掌握程序的多文件组织结构。

实验一　全局对象、局部对象和静态局部对象的应用

分析并写出下列程序的执行结果，然后输入计算机执行，比较分析结果与执行结果。如果两结果不相同，请分析原因。

程序示例

```
1  #include <iostream>
2  using namespace std;
3  int value1 = 300, value2 = 400, value3 = 500;
4  void funa(int value3) {
5      static int value1 = 5;
6      value1 += value3;
7      cout << value1 << ' ' << value3 << '\n';
8  }
9  void funb(int value1) {
```

```
10      value1 = value2;
11      cout << value1 << '\n';
12  }
13  void func() {
14      int value3=0;
15      cout << value1 <<' '<< value2 <<' '<< value3 << '\n';
16      ::value3 -= 100;
17  }
18  int main() {
19      funa(value1);
20      funb(value2);
21      funa(value2);
22      func();
23      cout << value1 << ' ' << value2 << ' ' << value3 << '\n';
24      return 0;
25  }
```

实验二　设计利用超声波传感器进行距离测量的函数

智能循迹小车在运行过程中，会受到障碍物的阻碍，使用传感器进行避障是十分必要的，采用超声波传感器模块测量距离是非常常见的一种策略。超声波发射器向某一方向发射超声波，在发射的同时开始计时，超声波在空气中传播，途中碰到障碍物就立即返回，超声波接收器收到反射波就立即停止计时，超声波在空气中的传播速度为340(m/s)，根据计时器记录的时间t(s)，就可以计算出发射点距障碍物的距离。

根据超声波发射和接收的时间差Δt，可以计算距离$d = \Delta t \times 340/2$。为模拟这一过程，设计获得时间差$\Delta t$的函数（获取系统时间需包含ctime头文件），进而设计利用超声波传感器进行距离测量的函数。

程序示例

```
1   #include <ctime>
2   double delta(int N) {
3       double del = 0;
4       clock_t start = clock();
5       for (int i = 0; i < N; ++i) {
6           for (int j = 0; j < 10000; ++j) {
7               for (int k = 0; k < 10000; ++k) {
8                   ;
9               }
10          }
```

```
11      }
12      clock_t ends = clock();
13      del = (double)(ends - start) / CLOCKS_PER_SEC;
14      return del;
15  }
16
17  double distance();
```

【实验要求】

给出 distance 函数的实现，并在主函数中完成调用。

实验三　设计闭环控制系统工作的函数

工程实践中，广泛存在着具有反馈机制的控制系统，即闭环控制系统。其工作原理如下：将被控量 (y) 和设定值 (r) 的偏差 (e) 作为控制器的输入，并按照一定的控制规律产生相应的控制信号驱动执行器工作，进而使被控对象的被控量跟踪设定值。

为简化起见，此处控制器采用简单的控制逻辑，已知 r 值和 y 的初始值。若 $r > y$, 则 $y+ = step$; 若 $r < y$，则 $y- = step$; 直到 y 尽可能精确地接近 r。

【实验要求】

基于上述分析，设计一个能够实现此功能的闭环控制系统工作的函数模板，要求控制精确度达到 1 % 。

实验四　用迭代法求平方根的函数

编写一个通用的求平方根的函数，参数（形参）为待求平方根的数，返回值为该数的平方根。

提示

1. 平方根函数声明为：double sroot(double val)，正数 a 的平方根迭代公式为：

$$x_{n+1} = (x_n + \frac{a}{x_n})/2\,,\ x_1 = a/2$$

2. 由于平方数不能为负数，因此在主调函数中，需要判断输入数的正、负，为正则用该参数（实参）调用求平方根函数；为负则输出错误信息。

实验五　字符串简单的“加密”和“解密”

按一定的规则可以将一个字符串经加密转换为一个新的串，例如加密的简单方法是当为‘a’～‘y’的小写字母时用后一个字母代替前一个字母，其中‘z’变换为‘a’，其他字符则不变。

例如：原字符串为　This is a secret code!

　　　加密后的字符串为　Tijt jt b tfdsfu dpef!

编写一个程序对输入字符串加密，输出加密前和加密后的字符串，再将加密后的字符串解密输出。主函数如下，请编写加密函数和解密函数。

程序示例

```
1  #include <iostream>
2  using namespace std;
3  void secret(char *data);
4  void desecret(char data[]); //传递数组参数的两种形式
5  int main() {
6      char st[] = "This is a secret code!";
7      cout << st << endl;
8      secret(st);
9      cout << st << endl;
10     desecret(st);
11     cout << st << endl;
12     return 0;
13 }
```

【实验要求】

1. 将 secret(char *data) 改为 secret(const char *data)，程序还能运行吗？为什么？

2. 阅读程序，如果将两个函数中 else if(*data==122) *data=‘a’; 和 else if(*data==97) *data=‘z’; 处的 else 去掉，对程序有何影响？使用数据“I am a boy !”重新测试看看。

3. 仿照上例编写程序：设计一个带密钥的加密算法。以密钥将字符串加密输出，再以相同的密钥将加密字符串解密输出。例如密钥可以是一个常数，字符串加密的方法是将每个字符的 ASCII 码值加上该常数，然后对 128 求模。

实验六　求数组中最大元素

求一个 3×4 矩阵中的最大元素，将求矩阵中的最大元素的过程定义为一个函数。函数的第一个参数是矩阵本身，第二个参数是第一维的大小。这种方法的优点是使函数具有通用性，即无论一个矩阵的第一维是多大，只要该矩阵的第二维是 4 个元素，都可用该函数求最大元素，也可用该函数求一个矩阵开始几行中的最大元素。

程序示例

```
1  #include <iostream>
2  using namespace std;
3  int max_value(int array[][4], int n);
4  int main() {
5      int a[3][4] = {{1,3,6,7},{2,4,6,8},{15,17,34,12}};
6      cout << max_value(a,3) << '\n';
7      return 0;
8  }
9  int max_value(int array[][4], int n) {
10     int i, j, max = array[0][0];
11     for (i = 0; i < n; i++)
12         for (j = 0; j < 4; j++)
13             if (array[i][j] > max) max = array[i][j];
14     return max;
15 }
```

【实验要求】

1. 将 max_value(int array[][4], int n) 改为 max_value(const int array[][4], int n)，程序还能运行吗？这样做有什么用？

2. 修改上述程序使其不仅可以求矩阵中的最大元素，还能求最大元素的行数和列数。

实验七　引用形参

编写一个函数，其原型为：void index(int a[], int n, int key, int & sub)。它的功能是在大小为 n 的数组 a 中，查找某个数 key，若找到，将其下标存放在 sub 中；若没找到，将 −1

存放在 sub 中，在主调函数中通过判断值来判断数组中是否有该数。在这里，sub 是引用类型的参数，对实参进行修改。

程序示例

```
1  #include <iostream>
2  using namespace std;
3  void index(int array[], int size, int key, int &sub);
4  int main() {
5      int array[25] = { 2,3,5,7,11,13,17,19,23,29,31,37,41,
6                        43,47,53,59,61,67,71,73,79,83,89,97 };
7      int size = 25, key, sub;
8      cin >> key;
9      index(array, size, key, sub);
10     if (sub != -1)
11         cout << "对应元素下标为:" << sub << endl;
12     else
13         cout << "未找到。" << endl;
14     return 0;
15 }
16 void index(int array[], int size, int key, int &sub) {
17     sub = -1;
18     for (int i = 0; i < size; i++) {
19         if (array[i] == key) {
20             sub = i;
21             break;
22         }
23     }
24 }
```

【实验要求】

1. 修改主调函数，实现多次查找，根据输入特定数字后结束查找。

2. 将“void index(int array[], int size, int key, int & sub)”改为“void index(int array[], int size, int key, int sub)”，程序还能正确执行吗？试分析其结果并解释。

3. 在上述修改的基础上如果结果不正确，怎样修改可以同样得到正确的结果。

实验八　引用返回

一个声明为返回引用的函数，既可以作为右值出现在赋值号的右边，也可以作为左值出现在赋值号的左边。

下面是一个函数调用本身作为左值的例子。

程序示例

```
1  #include <iostream>
2  using namespace std;
3  int & index(int array[], int num) {//定义索引函数
4      return array[num];
5  }
6  int main() {
7      int array[] = { 2,4,6,8,10 };
8      index(array, 3) = 16;
9      for (int i = 0; i < 5; i++)
10         cout << index(array, i) << ' ';
11     cout << endl;
12     return 0;
13 }
```

【实验要求】

修改程序使用非返回引用的函数实现上述功能，试分析两者之间的区别。

实验九　函数重载

函数重载允许不同的函数使用相同的名字，这使得完成类似的任务时可以使用相同的函数名。编写几个计算面积的函数，分别计算圆、矩形、梯形和三角形的面积，计算边长为 1 的正方形及其内切圆、内接等腰三角形和等腰梯形的面积。

提示

1. 圆面积，参数为半径：double area(double radius=0)，默认参数为 0，表示点面积。

2. 矩形面积，参数为长和宽：double area(double a, double b)。

3. 梯形面积，参数为两底和高：double area(double a, double b, double h)。

4. 三角形面积，参数为三边长：double area(double a, double b, double c, int)，int 型参数起标识作用，以区别于梯形，不参加计算。

程序示例

```
1  #include <iostream>
2  #include <cmath>
3  using namespace std;
4  const double PI = 3.14159;
5  double area(double radius = 0);
```

```
6  double area(double length, double height);
7  double area(double bottom, double top, double height);
8  double area(double edge1, double edge2, double edge3, int);
9  int main() {
10     cout << "点的面积为 " << area() << '\n';
11     cout << "矩形的面积为 " << area(1, 1) << '\n';
12     cout << "圆的面积为 " << area(0.5) << '\n';
13     cout << "梯形的面积为 " << area(1, 0.5, 1) << '\n';
14     cout << "三角形的面积为 " << area(1, sqrt(1 + 0.5 * 0.5),
15     sqrt(1 + 0.5 * 0.5), 0) << '\n';
16     return 0;
17 }
18 double area(double radius) {//带默认参数的函数
19     return PI * radius * radius;
20 }
21 double area(double length, double height) {
22     return length * height;
23 }
24 double area(double bottom, double top, double height) {
25     return (0.5 * (bottom + top) * height);
26 }
27 double area(double edge1, double edge2, double edge3, int) {
28     double s = 0.5 * (edge1 + edge2 + edge3);
29     return sqrt(s * (s - edge1) * (s - edge2) * (s - edge3));
30 }
```

【实验要求】

1. 编译运行程序，并记录运行结果，注意函数调用时，实参与形参之间的关系（包括类型、个数）。

2. 若将计算矩形面积的函数原型改为“double area(double length=0, double height=0)”，重新编译运行情况会怎样？为什么？

3. 若将计算三角形面积的函数原型改为“double area(double edge1, double edge2, double edge3)”，程序还能正确运行吗？为什么？

4. 若将计算三角形面积的函数原型改为“double area(double edge1, double edge2, double edge3=0，int)”，程序还能正确运行吗？为什么？

5. 将本实验以多文件方式进行组织，在area.h中声明各个area()函数原型，在area.cpp中定义函数，然后在exp5_9.cpp中包含area.h，定义main()函数并执行。

实验十　用递归函数实现勒让德多项式

勒让德多项式的分段函数形式如下：

$$P_n(x)=\begin{cases}1 & n=0\\ x & n=1\\ \dfrac{(2n-1)P_{n-1}(x)-(n-1)P_{n-2}(x)}{n} & n>1\end{cases}$$

【实验要求】

1. 利用递归函数求出勒让德多项式。
2. 在主函数中计算 $P_4(1.5)$ 的值。

第六章　类

实验目标

本章实践面向对象的基本概念、构造函数、析构函数、运算符重载、从实际问题抽象出类等，通过实验掌握以下内容：

1. 掌握面向对象的基本概念和类的定义方法。
2. 掌握类成员的访问权限以及访问类成员的方法。
3. 掌握内联函数和默认函数。
4. 掌握构造函数和析构函数的意义及使用方法。
5. 学会编写与应用复制构造函数。
6. 掌握运算符重载成为友元函数的方法。
7. 掌握运算符重载成为成员函数的方法。

实验一　设计控制器类

传统的工业控制中常采用比例—积分—微分控制（简称 PID 控制），控制规律为：

$$u(t) = K_P e(t) + K_I \int e(t)\mathrm{d}t + K_D \frac{\mathrm{d}e(t)}{\mathrm{d}t}$$

其中，K_P、K_I、K_D 分别表示比例、积分、微分的控制参数。

根据这 3 个参数是否为 0 可以判断控制器的控制规律（控制器类型），例如：$K_P = 1.5$、$K_I = 2$、$K_D = 0$，只有比例和积分控制有效，则为 PI 控制器。为了保证控制系统的稳定性，一般常用的控制器类型有 P、PI、PD、PID 控制。

设计一个控制器类（Controller），存储控制器的控制参数和控制器类型（本例将上述 4 种之外的控制类型视为不合法），能够实现控制参数的访问和修改功能。

【实验要求】

定义一个控制器，修改控制参数值，记录控制器的类型，测试数据如表6－1。

表6－1　测试数据

K_P、K_I、K_D	控制器类型
1.2、2、3	PID
1.2、2、0	PI
1.2、0、0	P
0、1.5、3.2	error

程序示例

```
1  class Controller {
2  private:
3      double m_P;
4      double m_I;
5      double m_D;
6      string m_type;
7  public:
8      Controller(double P, double I, double D);
9  };
```

实验二　定义一个矩形类

设计并测试一个矩形类（Rectangle）。属性为矩形的左上角与右下角的坐标，矩形水平放置。操作为计算矩形的周长和面积。

提示

矩形所在坐标系参考屏幕：左上角为坐标原点，向右为 x 轴正向，向下为 y 轴正向。

程序示例

1. 头文件 rect.h

```
1  #ifndef RECT_H
2  #define RECT_H
3  #include <iostream>
4  using namespace std;
5  class Rectangle {
6      int m_left, m_top;
```

```
7	    int m_right, m_bottom;
8	public:
9	    Rectangle(int left = 0, int top = 0, int right = 0,
10	        int bottom = 0);
11	    ~Rectangle(){}                  //析构函数，在此函数体为空
12	    void show();                    //显示左上角与右下角坐标
13	    void assign(int left, int top, int right, int bottom);
14	    int area();                     //计算矩形面积
15	    int perimeter();                //计算矩形周长
16	};
17	#endif
```

2. 源文件 rect.cpp

```
1	#include "rect.h"
2	Rectangle::Rectangle(int left, int top, int right,int bottom):
3	    m_left(left), m_right(right), m_top(top), m_bottom(bottom){
4	}    //构造函数，带缺省参数，缺省值全为0
5	void Rectangle::show() {     //显示左上点和右下点的坐标
6	    cout << "left-top point is (" << m_left << ","
7	         << m_top << ")" << '\n';
8	    cout << "right-bottom point is (" << m_right << ","
9	         << m_bottom << ")" << '\n';
10	}
11	void Rectangle::assign(int left, int top, int right,
12	    int bottom) {
13	    m_left = left;
14	    m_right = right;
15	    m_top = top;
16	    m_bottom = bottom;
17	}
18	int Rectangle::area() {
19	    return (m_right - m_left) * (m_bottom - m_top);
20	}
21	int Rectangle::perimeter() {
22	    return 2 * ((m_right - m_left) + (m_bottom - m_top));
23	}
```

3. 源文件 main.cpp

```
1	#include "rect.h"
2	int main() {
3	    Rectangle rect;
4	    rect.show();
5	    rect.assign(100, 200, 300, 400);
6	    rect.show();
```

```
7       Rectangle rect1(0, 0, 200, 200);
8       rect1.show();
9       rect1.assign(100, 200, 300, 400);
10      cout << "Area:" << rect.area() << "Perimeter:"
11          << rect.perimeter() << endl;
12      return 0;
13  }
```

【实验要求】

1. 将 Rectangle(double left=0, double top=0, double right=0, double bottom=0) 改为 Rectangle(double left, double top, double right, double bottom)，程序仍能正确运行吗？为什么？

2. 注意成员函数 show、area、perimeter 的使用。因为之前如需编写类似功能的一般函数是需要带参数（形参）的，而在此处作为类的成员函数又不需要带参数。思考为什么？

3. 理解 void assign(double left,double top,double right,double bottom) 函数的作用。将 Rectangle(double left=0,double top=0,double right=0,double bottom=0) 改为 Rectangle(double left,double top,double right,double bottom)，这时，有人认为 Rectangle(double left,double top,double right,double bottom) 和 void assign(double left,double top,double right,double bottom) 的功能相同，那么 assign 函数能否去掉呢？请试一试，结果会怎样？

4. 为 Rectangle 类添加复制构造函数 Rectangle(const Rectangle & rhs)。

实验三　定义复数类

复数形如 $z = a + bi$，a 为实部，b 为虚部。定义复数类 Complex，实现以下功能，并完成测试。

【实验要求】

1. 定义复数类的默认构造函数、复制构造函数、析构函数。

2. 设置实部和虚部。

3. 重载输出运算符 <<，输出格式如 $3.1 + 2.5i$。

程序示例

```
1  class Complex {
2  public:
3      Complex(double real = 0, double imag = 0);   //默认构造函数
4      double real();                               //获取实部
5      double imag();                               //获取虚部
6      void set(double real, double imag);          //设置复数
7      friend ostream& operator<<(ostream &os, const Complex &rhs);
8  private:
```

```
9       double m_real = 0;
10      double m_imag = 0;
11  };
```

实验四　重载运算符

为本章实验三中定义的 Complex 类重载运算符，并实现 Complex 类对象的计数功能。

【实验要求】

1. 重载 +，−，*，/，=，==，! = 运算符，请注意哪些运算符可以作为类的成员函数，哪些需要作为类的友元。
2. 定义具体的复数类对象，实现运算符的操作测试。
3. 计数器 number 用于检测到目前为止 Complex 类对象的个数。

程序示例

```
1   Complex a;
2   cout << a.number() << endl;   //输出 1
3   Complex b;
4   cout << Complex::number() << endl; //输出 2
```

实验五　定义一个集合类

集合是具有同一属性（共性）而又能互相区别（个性）的多个成员汇集起来的整体，构成集合的每个成员称为集合的元素，元素间没有顺序关系。例如，所有的小写英文字母是一个集合，它包括 26 个元素：a、b、…、z；不包含任何元素的集合称为空集合。自定义一个集合类 Set，采用 Vector 存放集合的元素。Set 类头文件和主函数测试代码已给出，请自己完成 Set 头文件中函数的定义。

【实验要求】

1. 判断元素 elem 是否为集合 Set 的元素。
2. 为集合添加一个元素 elem。
3. 从集合中删除一个元素 elem。
4. 赋值和复制构造函数。
5. 显示集合中的所有元素。

6. 求两个集合中相同的元素，即求两个集合的交集。

7. 求两个集合中所有的元素，即求两个集合的并集。

程序示例

1. 头文件 Set.h

```
1  #include <iostream>
2  #include <vector>
3  using namespace std;
4  class Set {
5      vector<char> m_elems;                 //数据成员
6  public:
7      Set() = default;
8      Set(const vector<char> &elem);        //构造函数
9      bool is_elem(char);                   //是否为集合元素
10     void insert(char);                    //插入一个元素
11     void erase(char);                     //删除一个元素
12     Set& operator =(const Set &s);        //赋值运算符
13     Set(const Set &s);                    //复制构造函数
14     friend ostream& operator<<(ostream &os,const Set &s);
15                                                   //输出格式:{a,b,c}
16     friend Set common(const Set &a, const Set &b);//两个集合的交集
17     friend Set sum(const Set &a, const Set &b);   //两个集合的并集};
```

2. 源文件 main.cpp

```
1  #include "set.h"
2  int main() {
3      vector<char> temp1 = { 'a','s','d','f','g' };
4      vector<char> temp2 = { 'a','c','v','f','t','y','e','r' };
5      Set s1(temp1), s2(temp2), s3, s4;
6      s1.is_elem('a');
7      s1.insert('p');
8      cout << "s1=" << s1 << endl;
9      s2.erase('t');
10     cout << "s2=" << s2 << endl;
11     s3 = common(s1, s2);
12     s4 = sum(s1, s2);
13     cout << "s3=" << s3 << endl;
14     cout << "s4=" << s4 << endl;
15     Set s5(s1);
16     cout << "s5=" << s5 << endl;
17     s5 = s4;
18     cout << "s5=" << s5 << endl;
19     return 0;}
```

第七章　模板与泛型编程

实验目标

本章实践函数模板和类模板的定义与使用、常用排序算法和二分查找算法，通过实验掌握以下内容：

1. 掌握函数模板的语法和使用方法。
2. 掌握类模板的语法和使用方法。
3. 掌握常用排序算法和二分查找算法。
4. 培养理论联系实际和自主学习的能力，提高程序设计水平。

实验一　用模板实现两个对象值的交换

设计一个函数模板，用来实现两个对象值的交换。

【实验要求】

用 String 和 double 类型进行测试。

程序示例

```
1  template <typename T>
2  void Swap(T &a, T &b) {//系统提供 swap 函数，所以自定义函数名首字母大写
3      T c = a;
4      a = b;
5      b = c;
6  }
7  int main() {
8      double i, j;
9      cout << "Please input two values:" << endl;
10     cin >> i >> j;
11     Swap(i, j);
12     cout << i << " " << j << endl;
```

```
13      string s1, s2;
14      cout << "Please input two strings:" << endl;
15      cin >> s1 >> s2;
16      Swap(s1, s2);
17      cout << s1 << " " << s2 << endl;
18  }
```

实验二　将集合类改造为集合类模板

以第六章实验五中定义的集合类为基础，将其改造为集合类模板，并添加如下新的功能。

【实验要求】

1. 查找功能 find，返回所查找元素在集合中的下标。
2. 清除所有元素 clear。
3. 返回集合中元素个数 size。
4. 与另一个集合类实现内容交换 swap。
5. 补充 Set 类模板成员函数的定义，并用 String、int 和第六章实验三中定义的 Complex 等类型进行测试。

实验三　设计 MyVector 类模板

仿照标准模板库中 Vector 模板，利用数组（长度 1000）设计一个 MyVector 类模板。

【实验要求】

1. 提供默认构造函数、带参数构造函数、拷贝构造函数、赋值运算符。
2. 实现获取元素个数函数 size、元素访问函数 operator[]、元素访问函数 at、获取首元素函数 front、获取尾元素函数 back、尾插函数 push_back、尾部删除函数 pop_back、指定位置插入函数 insert、删除指定位置元素函数 erase、清空所有元素函数 clear。
3. 用冒泡排序法对集合元素进行从小到大排序 sort。
4. 实现二分查找算法 binary_search。

提示

注意 const 修饰符和引用的使用以及下标运算符和函数 at 的区别。

第八章　动态存储内存与数据结构

实验目标

本章实践动态内存技术、对象的拷贝控制方法、线性链表、链栈和二叉树，通过实验掌握以下内容：

1. 理解运行时内存分配的概念，掌握自由存储区内存动态分配的方法。
2. 理解类内部含动态对象的内存处理机制以及移动赋值和移动复制的实现原理。
3. 运用链栈实现简单表达式求值。
4. 运用二叉树实现哈夫曼编码。
5. 运用邻接表实现图的遍历和哈希表设计。

实验一　再设计 MyVector 类模板

第七章的实验三通过定长数组设计了一个 MyVector 类，但是其不具有 Vector 类的可变容量属性。在这里，利用动态数组重新设计一个 MyVector 类，考察动态内存的使用。

【实验要求】

1. 提供默认构造函数、带参数构造函数、拷贝构造函数、赋值运算符、移动构造函数、移动赋值运算符。

2. 完成 size()、operator[]()、at()、front()、back()、push_back()、pop_back()、insert()、erase()、clear() 等成员函数的重新定义。

3. 利用 String 和第六章实验三定义的 Complex 类型进行测试。

提示

利用动态数组设计的 MyVector 类模板如下。

程序示例

```
1  template <typename T>
2  class MyVector {
3      T* m_arr;
4  public:
5      MyVector(const T *arr = nullptr);    //默认构造函数
6      MyVector(const MyVector &rhs);       //复制构造函数
7      MyVector(MyVector &&rhs);            //移动构造函数
8      ~MyVector();                         //析构函数
9      T & operator[](size_t i);            //重载取下标运算符
10     int size()                           //输出元素个数
11     MyVector & operator=(const MyVector &rhs);//赋值运算符
12     MyVector & operator=(MyVector &&rhs);//移动赋值运算符
13     ...
14 };
```

请读者完成各函数的定义，注意动态内存的使用，尽量减少数据复制。

实验二　基于链栈实现简单计算器

链栈是一种采用链式结点（node）结构实现栈（stack）后进先出（LIFO），只能在顶部结点进行操作的数据结构。基于链栈结构实现一个简单计算器的功能。

【实验要求】

1. 支持加、减、乘、除、求余、括号、次幂等基本操作。
2. 扩展计算器功能，使其支持 sin、cos、tan、sqrt 等功能。
3. 基于设计的计算器，计算以下表达式（其中 π 的值可以通过 std::atan(1.0)*4 获得）：

(1) 3−2*4+(6−1)/2+5

(2) sin(π/6)+ cos(sqrt(2))^tan(π/3)

提示

1. 基本四则运算教材已经介绍。
2. 函数功能的实现可以考虑将运算符设为 String 类型压入运算符栈。
3. 函数实现关键是如何准确读取 String 类型的函数名，如“sin”，而不是“si”或“s”，这样才能确保得到所要的函数。

程序示例

```
1      ...
2  if (m_opr.top() == "sin")
3      m_num.push(sin(c));
4  else if(m_opr.top() == "cos")
5      m_num.push(cos(c));
6  else if(m_opr.top() == "tan")
7      m_num.push(tan(c));
8  else if(m_opr.top() == "sqrt")
9      m_num.push(sqrt(c));
10     ...
```

实验三　哈夫曼编码

哈夫曼树是所有结点的带权路长度达到最小的二叉树，也叫最优二叉树。给定 n 个权值 $\boldsymbol{w}=\left\{w_1,\ w_2,\ \cdots\ ,w_n\right\}$，哈夫曼树的具体实现过程如下所述。

1. 在 $\boldsymbol{w}$ 中选出两个最小的权值，对应的两个结点组成一个新的二叉树，且新二叉树的根结点的权值为左右孩子权值的和。

2. 从 $\boldsymbol{w}$ 中删除选择的两个最小的权值，同时将新的权值加入 $\boldsymbol{w}$ 中，以此类推。

3. 重复 1 和 2，直到所有结点构建成了一棵二叉树为止，这棵树就是哈夫曼树。

图8－1(A) 给定了 4 个结点 a、b、c、d，权值分别为 7、5、2、4；第一步如图8－1(B) 所示，找出现有权值中最小的两个，即 2 和 4，其相应的结点 c 和 d 构建一个新的二叉树，树根的权值为 2＋4＝6，同时将原有权值中的 2 和 4 删掉，将新的权值 6 加入；进入图8－1(C)，重复之前的步骤；直到所有的结点构建成了一个全新的二叉树，如图8－1(D) 所示，这就是哈夫曼树。

在哈夫曼树的基础上可以实现哈夫曼编码，对于树中的每一个子树，统一规定其左孩子标记为 0，右孩子标记为 1。这样从哈夫曼树的根结点开始，依次写出经过结点的标记，最终得到的就是该结点的哈夫曼编码。如图8－2所示，字符 a 的哈夫曼编码是 0，字符 b 编码为 10，字符 c 的编码为 110，字符 d 的编码为 111。

【实验要求】

1. 给定一个文本文件，统计每个字符出现的频率，根据统计的字符频率构造哈夫曼树（测试数据见`data/8.3/huffman.txt`[1]）。

2. 构造哈夫曼树。

3. 对字符进行编码，以文件形式输出原文本的编码。

[1] https://github.com/Changhe160/book-cplusplus/tree/master/practice/data/8.3。

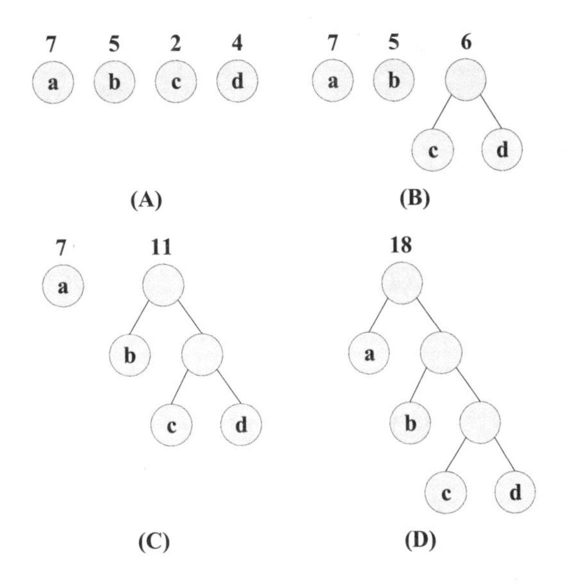

图 8-1　哈夫曼树的构造过程

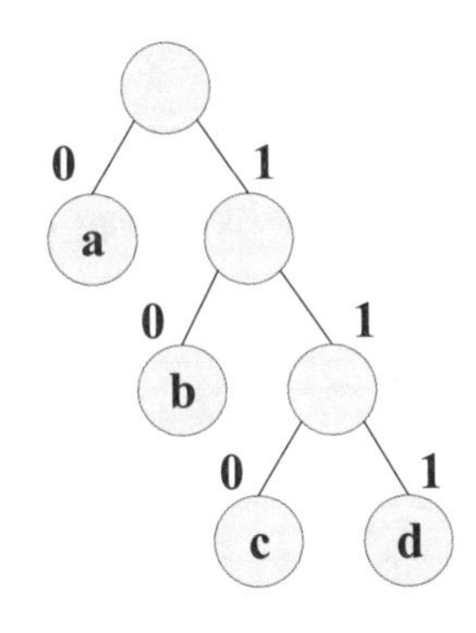

图 8-2　哈夫曼树编码

提示

1. 结点类数据域可以包含权重、字符、左右子树标记。
2. 可将所有结点（含后续生成的结点）按照权重进行排序。

实验四　再探约瑟夫问题

请利用循环链表求解第四章实验五中提出的约瑟夫问题。

循环链表是一个首尾相接的链表，将单链表的最后一个指针域由 nullptr 改为指向表头结点，如图8-3所示为单链式的循环链表示意图。

图 8－3　循环链表

【实验要求】

1. 创建循环链表模板，支持任意位置插入、删除等基本操作。

2. 游戏总人数和报数值由键盘读入。

提示

1. 创建一个包含 m 个节点的循环链表，将每个人看作节点，数据域（编号）代表其位置。

2. 然后将报数者删除，直到剩下两个人时停止，这两个节点的数据域（编号）就是可获奖品位置。

实验五　图的邻接表储存

快递运输系统中用邻接表储存着输送所经过的城市及距离，邻接表是每个顶点都对应有一个与其邻接的顶点所组成的链表（图8－4），且其为有向图的邻接表，链表中每个结点都有权值域。

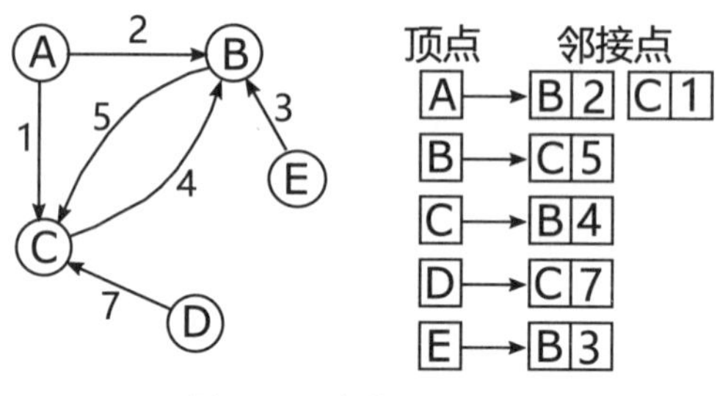

图 8－4　邻接表示意图

根据链表的结构可以增加与删除城市结点，图8－5给出城市分布和可达城市间的距离。

【实验要求】

1. 用邻接表储存上图。

2. 从武汉开始遍历所有城市并输出遍历顺序。

3. 工作人员输入始发城市，可输出从始发城市到目的地之间的最短距离。

4. 从任意城市出发，访问每个城市 1 次，最后返回始发城市，输出访问序列，要求总旅行距离最短。

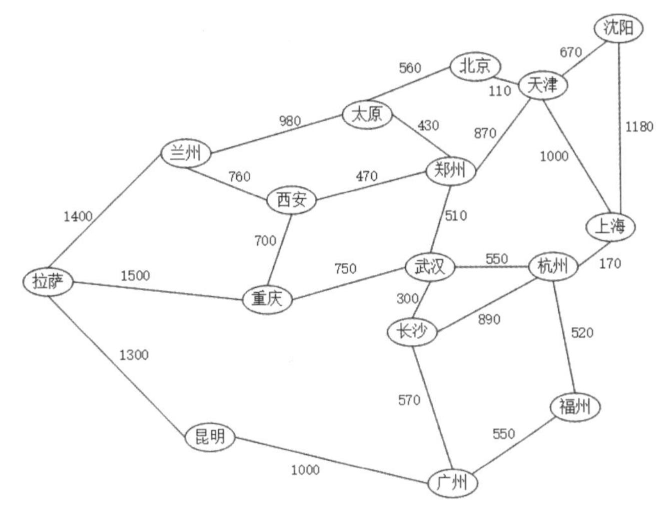

图 8－5　城市分布图

程序示例

```
1  template <typename T>
2  class Graph {
3  private:
4      vector<sdjList<T>> m_vertex;//用 Vector 储存每一个链表组成邻接表
5  public:
6      void read(ifstream &graph); //从文件中将图输入到邻接表
7      void insertVertex(const T &vertex); //插入一个顶点
8      void deleteVertex(const T &vertex); //删除一个顶点
9      void deleteEdge(const T &vertex1, const T &vertex2);
10                                         //删除一条边
11     void insertEdge(const T &vertex1, const T &vertex2,
12         int weight);                    //插入一条边
13     void search(const T &beginVertex);  //遍历
14     void minPath(const T &sVertex, const T &eVertex); //最小路径
15     ...
16 };
```

实验六　用链地址法实现哈希表

哈希表（Hash Table，也叫散列表），是根据关键码值 (Key -Value) 而直接进行访问的数据结构。它通过把关键码值映射到表中一个位置来访问记录，以加快查找的速度。这个映

射函数叫作哈希函数，存放记录的数组叫作哈希表。

链地址法也称为拉链法，其基本思路是：将所有具有相同哈希地址的不同关键字的数据元素连接到同一个单链表中。如果选定的哈希表长度为 m，则可将哈希表定义为一个有 m 个头指针组成的指针数组 $T[0, 1, \cdots, m-1]$，凡是哈希地址为 i 的数据元素，均以节点的形式插入到 $T[i]$ 为头指针的单链表中，并且新的元素插入到链表的前端。用链地址法实现哈希表示意图如图8－6所示。

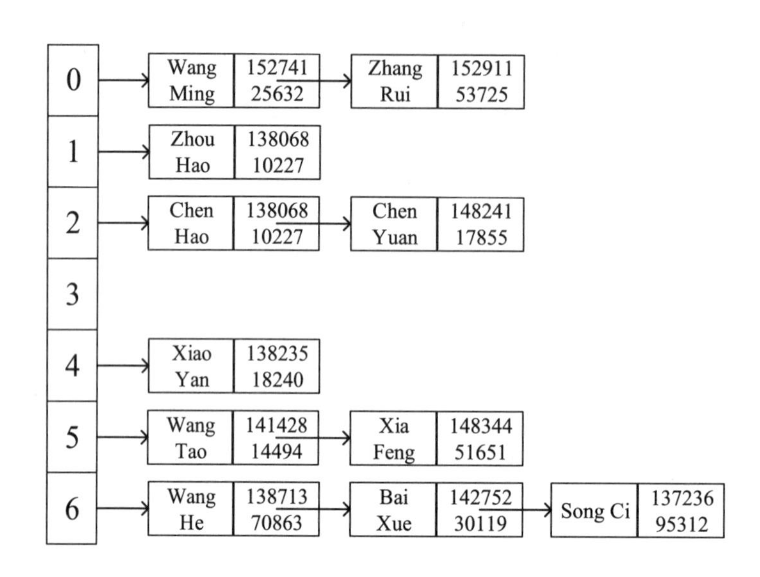

图 8－6　基于链地址法的哈希表示意图

给定一个文本文件，设计以用户名为关键字的哈希表，实现一个简易的通讯录。

【实验要求】

1. 如文本文件所示，每个人的信息包括用户名、电话号码、QQ 号和地址，用户名采用汉语拼音的形式（测试数据见`data/8.6/HashTable.txt`[①]）。

2. 完成相应的菜单设计以及提示，包括对通讯录的创建、添加、删除和查找等功能。

3. 选择合适的哈希函数，使用链地址法解决哈希冲突。

[①] https://github.com/Changhe160/book-cplusplus/tree/master/practice/data/8.6。

第九章　继承与多态

实验目标

本章实践继承和动态绑定，通过实验掌握以下内容：

1. 掌握类继承与派生关系以及实现方法，理解类的层次结构。
2. 掌握派生类构造函数初始化基类成员和对象成员的方法。
3. 掌握赋值兼容原则，掌握派生类的复制构造函数和赋值运算符的定义。
4. 在掌握继承与派生关系的基础上，进一步理解虚函数与多态性的关系，实现运行时的多态。
5. 学会定义和使用纯虚函数。
6. 了解背包问题的启发式求解方法。

实验一　Shape 类的继承与派生

定义一个继承与派生关系的类体系，在派生类中访问基类成员。定义包含红绿蓝三原色的颜色类以及包含颜色的形状类；以形状类为基类，定义一个点类，数据成员为 x、y 坐标；采用组合与继承方式定义一个圆类，增加圆心和表示半径的数据成员。

【实验要求】

1. 建立工程，录入下面程序，改变数据进行测试。
2. 调式程序，观察派生类的拷贝控制行为，包括构造与析构，复制、赋值等操作。
3. 修改 Shape 类的数据成员 m_color 的访问权限为 private，再编译，结果如何？

程序示例

1. 头文件 shape.h

```
1 #ifndef SHAPE_H
2 #define SHAPE_H
3 #include <iostream>
```

```
4  using namespace std;
5  struct Color {
6      int m_red = 0, m_green = 0, m_blue = 0;
7      Color(int r=0, int g=0, int b=0) :m_red(r), m_green(g), m_blue(b) {
8          cout << "constructor of Color" << endl;
9      }
10     Color(const Color &rhs) :m_red(rhs.m_red), m_green(rhs.m_green),
11          m_blue(rhs.m_blue) {
12         cout << "copy constructor of Color" << endl;
13     }
14     ~Color() {
15         cout << "destructor of Color" << endl;
16     }
17     Color& operator=(const Color &rhs) {
18         if (this != &rhs) {
19             m_red = rhs.m_red;
20             m_green = rhs.m_green;
21             m_blue = rhs.m_blue;
22         }
23         return *this;
24     }
25 };
26 class Shape {
27 protected:
28     Color m_color;
29 public:
30     Shape(const Color &c = Color()) :m_color(c) {
31         cout << "constructor of Shape" << endl;
32     }
33     Shape(const Shape &rhs) :m_color(rhs.m_color) {
34         cout << "copy constructor of Shape" << endl;
35     }
36     ~Shape() {
37         cout << "destructor of Shape" << endl;
38     }
39     Shape& operator=(const Shape &rhs) {
40         if (this != &rhs) m_color = rhs.m_color;
41         return *this;
42     }
43 };
44 class Point:public Shape {
45 protected:
46     double m_x = 0, m_y = 0;
47 public:
```

```
48      Point(double x = 0, double y = 0, const Color &c = Color()) :Shape(c),
49      m_x(x), m_y(y) {
50          cout << "constructor of Point" << endl;
51      }
52      Point(const Point &rhs): Shape(rhs),m_x(rhs.m_x), m_y(rhs.m_y) {
53          cout << "copy constructor of Point" << endl;
54      }
55      ~Point() { cout << "destructor of Point" << endl; }
56      Point& operator=(const Point &rhs) {
57          if (this != &rhs) {
58              Shape::operator=(rhs);
59              m_x = rhs.m_x;
60              m_y = rhs.m_y;
61          }
62          return *this;
63      }
64      void draw() {
65          cout << "draw point with color (" << m_color.m_red << "," <<
66          m_color.m_green << "," << m_color.m_blue << ")" << endl;
67      }
68  };
69  class Circle:public Shape {
70  protected:
71      Point m_center;
72      double m_radius;
73  public:
74      Circle(const Point &p, double r, const Color &c = Color()) :Shape(c),
75      m_center(p),m_radius(r) {
76          cout << "constructor of Circle" << endl;
77      }
78      Circle(const Circle &rhs) :Shape(rhs), m_center(rhs.m_center),
79      m_radius(rhs.m_radius) {
80          cout << "copy construct of Circle" << endl;
81      }
82      ~Circle() { cout << "destructor of Circle" << endl; }
83      Circle& operator=(const Circle &rhs) {
84          if (this != &rhs) {
85              Shape::operator=(rhs);
86              m_center = rhs.m_center;
87              m_radius = rhs.m_radius;
88          }
89          return *this;
90      }
91  };
```

```
92 #endif // !SHAPE_H
```

2. 源文件

```
1  #include "shape.h"
2  int main() {
3      {
4          Color c(100);
5          Point p1(2, 3, c);
6          Point p2(p1);
7          Point p3;
8      }
9      {
10         Color c(100);
11         Point p1(2, 3, c);
12         Point p2(p1);
13         Point p3;
14         Circle c1(p1, 3);
15         Circle c2(c1);
16         c2 = c1;
17     }
18     {
19         Point p1(2, 3, Color(100));
20         p1.draw();
21     }
22     return 0;
23 }
```

实验二　理财管理程序中的多态

设计一个简单的理财管理程序，其中包含 4 个类，分别为投资（Investment）、储蓄（Saving）、基金（Fund）和理财人（Person）。储蓄和基金为两种具体投资，都有确定的投资金额（m_capital），但它们年底结算（settle）的方式不同，具体如下：

```
1  m_capital = m_capital * (1 + 1.78 / 100);           // 储蓄
2  m_capital = m_capital * (rand() % 20 + 90) / 100;   // 基金
```

理财人对象初始化时确定本金 m_principal 。理财人通过其成员函数 addInvest 添加和保存每一笔投资，并从本金中减去投资额。一年后，理财人通过其成员函数 settle 结算所有投资，将投资额返回本金。实现效果如下：

```
1 Person Wang(100000);               // 初始本金十万元
2 Wang.addInvest(Saving(50000));     // 储蓄、基金分别投资五万、两万
3 Wang.addInvest(Fund(20000));
4 cout << Wang.settle() << endl;     // 年底全部结算转入本金
```

【实验要求】

1. 分析和设计以上 4 个类的成员以及类之间的关系，给出他们的定义。
2. 根据不同投资类型，给出 settle 的不同实现。
3. 利用上述代码进行测试。

提示

1. 可将 Investment 类设置为 Fund 类和 Saving 类的公共基类。
2. 可以利用 vector 保存理财人所有投资，其元素为基类指针。

实验三　Shape 类的继承与组合

类之间存在着继承与组合的关系，利用继承与组合完成以下类的定义：点、线、圆、三角形、矩形、圆柱体、长方体、圆锥体。

【实验要求】

1. 为圆柱体、长方体、圆锥体添加价值属性，为所有类设计面积 area、体积 volume 成员函数。

2. 重载 operator< 运算符用于比较大小，比较方式为：线类对象比较长度；圆、三角形和矩形类对象比较面积；圆柱、长方体和圆锥对象比较体积。

3. 设计一个具有一定容量的容器类。

(1) 可以容纳圆柱体、圆锥体和长方体。

(2) 将容器内所有物品按照体积排序。

(3) 在给定物品当中选择一部分物品放入容器，使选中的物品总量不超过容器容量（不考虑物品的形状）的前提下价值总和最大。测试数据如表9－1所示，最优方案中 1 代表对应物品被选择，0 代表对应物品没有被选择。

表 9－1　测试数据

测试数据			
容器容量	物品容量	物品价值	最优方案
165	23,31,29,44,53,38,63,85,89,82	92,57,49,68,60,43,67,84,87,72	1,1,1,1,0,1,0,0,0,0

第十章　标准输入输出

实验目标

本章实践常见输入输出流的使用，通过实验掌握以下内容：

1. 了解常用 IO 类的继承关系和理解 IO 流基本工作流程。
2. 掌握常见的输入输出格式控制。
3. 掌握文件流和字符流的使用方法。

实验一　格式控制

掌握常见的输出格式，包括进制、精确度、科学计数法、定点十进制等。

【实验要求】

1. 分别以八进制、十进制、十六进制输出整数 300。
2. 输出圆周率 π，分别精确到小数点后 6 位和 8 位。
3. 分别以科学计数法、定点十进制格式输出 π。

实验二　文件输入输出

解决背包问题，从以下文件中读取数据，并把计算结果写入文件 result.txt 中（测试数据见目录`data/10.1/`[①]）。

【分　析】

背包问题：给定一组物品，每种物品都有自己的重量和价格，在限定的总重量内，我

①https://github.com/Changhe160/book-cplusplus/tree/master/practice/data/10.1。

们如何选择，才能使得物品的总价格最高。表10－1中为3组测试数据的文本文件。

表10－1　测试数据

测试数据				
	容器容量	物品的容量	物品价值	最优方案
dataset1	p01_c.txt	p01_w.txt	p01_p.txt	p01_s.txt
dataset2	p02_c.txt	p02_w.txt	p02_p.txt	p02_s.txt
dataset3	p05_c.txt	p05_w.txt	p05_p.txt	p05_s.txt

实验三　String流

定义一个SStream类，用来实现字符串的存储，字符和数字的分类等功能。

【实验要求】

实现字符串中的字符、数字、特殊符号、字母字符串的个数计算和打印等功能。

程序示例

```
1  class SStream {
2      stringstream m_string;
3  public:
4      SStream(const string &s): m_string(s){}
5      int countLetter();
6      int countDigits();
7      int countSymbol();
8      int countString();
9      void printLetter();
10     void printDigits();
11     void printSymbol();
12 };
```

测试数据

```
Dkjh3 748 6^& &*& #$&*jg i349v duig4 59688 dsfh434 46dg
rtr#$%^& *HJr trvd g$%^F GH 567 4yuzc6K J88&^%ej
```

第十一章　标准模板库

实验目标

本章实践标准模板库中常见容器和算法的使用，通过实验掌握以下内容：

1. 了解迭代器的工作原理和使用方法。
2. 了解常见容器的特点并掌握使用它们的方法。
3. 了解算法的类型并掌握常用调用对象的使用方法。

实验一　电话簿管理

手机是我们便捷的通讯工具，手机应用里最常见的一个功能就是电话簿，用来管理用户的电话号码。最常见的操作有：新建联系人、删除联系人、搜索联系人、添加号码、删除号码等。

【实验要求】

1. 利用 multimap 容器设计一个简单的用户，关键字为姓名（称呼），值为号码。
2. 新建联系人时，关键字和值至少有一个输入。
3. 搜索联系人时，显示其所有号码；若无此联系人，显示为空。
4. 删除联系人时，可以选择删除某个号码，也可以选择将联系人信息全部清除。

实验二　去重与排序

小明想在学校中请一些同学做一项问卷调查，为了调查的客观性，他需要先从 1 ~ 1000 中随机选择 N 个（$N \leq 1000$）个数字，对于其中重复的数字，只保留一个，不同的数对应着不同的学生的学号。然后再把这些数从小到大排序，按照排好的顺序去找同学做调查。请你协助小明完成“去重”与“排序”的工作。

【实验要求】

1. 使用示例数据并利用 Set 容器存储学号。

2. 输入有 2 行。第 1 行为 1 个正整数，表示随机数的个数 *N*；第 2 行有 *N* 个用空格隔开的正整数，为所产生的随机数。

3. 输出有 2 行。第 1 行为 1 个正整数 *M*，表示去重与排序后的学号个数；第 2 行为 *M* 个用空格隔开的正整数，为从小到大排好序的不相同的学号。

示例输入：

10

20 40 32 67 40 20 89 300 400 15

示例输出：

8

15 20 32 40 67 89 300 400

实验三　容器的综合使用

为鼓励学生加强体育锻炼，某中学高三（一）班举行了体育比赛，现需根据每位学生的综合比赛成绩颁发奖状，请你设计一个程序帮助老师完成奖状的颁发。该班级共有 40 人，比赛成绩大于或等于 90 分的同学颁发一等奖，成绩在 75~90 分之间的同学颁发二等奖，成绩在 60 分以上且 75 分以下的同学颁发三等奖。

【实验要求】

1. 从文件读取示例数据中学生姓名与分数并保存至`list<pair<string, int>>`对象中。

2. 利用`list<tuple<string, int, string>>`容器标记学生所获奖项。

3. 将学生的获奖情况按降序输出到文件，输出格式为：

一等奖

X1 99

X2 93

二等奖

X3 88

X4 78

三等奖

X5 70

X6 65

测试数据见`data/11.3/data.txt`[①]。

[①] https://github.com/Changhe160/book-cplusplus/tree/master/practice/data/11.3。

第十二章　工具与技术

实验目标

本章实践 C++ 大型程序设计中常用的工具和技术，通过实验掌握以下内容：

1. 掌握异常的捕获和处理。
2. 学会使用多重继承。
3. 学会使用对象工厂。

实验一　异常处理

异常处理允许将异常检测和解决的过程分离开来，程序中某一个模块出现了异常不会导致整个程序无法正确运行。如下程序用于求输入数的平方根。

程序示例

```
double mySqrt(double a) {
    double x = 1.0;
    while (fabs(x * x - a) > 1e-5) x = (x + a / x) / 2;
    return x;
}
int main() {
    double x;
    while (cin >> x) cout << "sqrt(" << x << ")= "
        << mySqrt(x) << endl;
    return 0;
}
```

【实验要求】

改进程序，使用异常处理机制处理输入负数的情况。

实验二 多继承

分别设计教师（Teacher）类和干部（Cadre）类，采用多继承方式由这两个类派生出教师兼干部类（TeacherCadre）类。

【实验要求】

1. 设计一个基类Person，包含姓名、年龄、性别、地址和电话等数据成员。Teacher和Cadre都继承Person，它们的继承关系如图12－1所示。

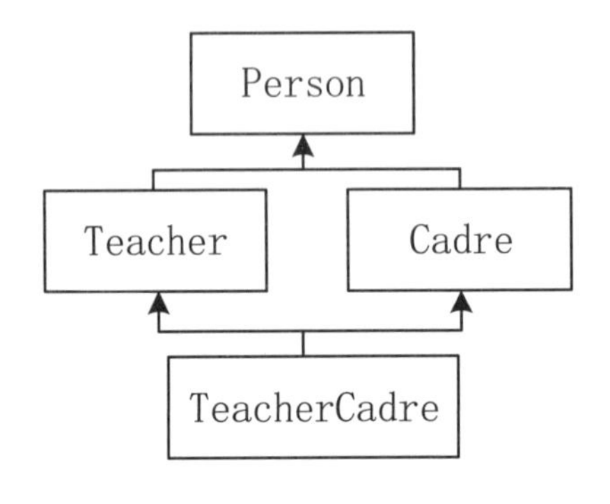

图12－1 继承关系图

2. 在Teacher类中新增数据成员职称（title），在Cadre类中新增数据成员职务（post）。
3. 在类内声明成员函数，在类外定义成员函数。
4. 在TeacherCadre的成员函数display中输出姓名、年龄、性别、地址、电话、职称和职务等信息。

实验三 通用计算器

基于第四章实验二，参考教材通用计算器的设计思路，实现一个可扩展功能的通用计算器。

【实验要求】

1. 支持加、减、乘、除、求余、括号、次幂等功能。
2. 支持sin、cos、tan、sqrt等功能。

3. 能够对异常输入进行处理，例如未实现的运算功能。

提示

1. 递归调用计算器的计算功能解决括号的嵌套。
2. 利用 map 实现运算符的自动注册。
3. π 值可以通过 std::atan(1.0)*4 获得。

课程设计（上）　学生成绩管理系统

一、课程设计目标

基于面向对象的程序设计与开发。

二、课程设计内容和基本要求

学生成绩管理是高等学校教务管理的重要组成部分，主要包括学生成绩的录入、删除、查找及修改、统计分析等等。请设计一个系统实现对学生成绩的管理。系统要求实现以下功能：

1. 删除一个学生的信息：可以先查找姓名，再删除。删除前，要求用户确认。
2. 成绩录入：要求从文件中读取。
3. 成绩修改：若输入错误可进行修改，可以先查找姓名，再修改某一门课程的成绩。
4. 增加科目：允许用户为某一学生新增科目名称和成绩。
5. 查找：请实现以下 4 种查找功能。
    (a) 根据姓名查找某个学生的所有课程成绩信息；
    (b) 根据班号查找某个班所有学生的已学课程的成绩信息；
    (c) 根据课程名查找选修该门课所有学生的成绩信息；
    (d) 查找所有学生的已选课程的成绩信息。
6. 排序功能：查找后的结果默认按学号排序，对根据班号查找和查找所有学生信息可按已修学分从高到低进行排序，对课程名查找后可选择按成绩从高到低进行排序。
7. 统计分析：对某个班级学生的单科成绩进行统计，求出平均成绩，显示该门课程成绩不及格的学生，求出该门课程成绩的标准差和合格率；统计每个学生完成的总学分、不及格的课程数和未修学分。
8. 文件操作：可以打开文件，显示班级的所有学生信息；可以将增加或修改后的成绩重新写入文件；可以将排序好的信息写入新的文件。
9. 界面设计：所有操作都要通过交互界面来操作和显示。

三、较高要求

查找可以实现模糊查询，即输入名字的一部分，可以列出满足条件的所有记录。再从这个记录中进行二次选择。

四、测试数据

测试数据见目录`data/module_project1`[1]：学生信息 (student.txt)、学生成绩记录（score.txt）和课程学分 (module.txt)，所有文件均以 #END 为结束标识。

五、实现提示

设计一个学生类、课程类和一个系统管理类。学生类的设计请参考测试数据的记录和将要实现的功能。学生信息包括姓名、ID、班号、成绩、需要完成的总学分（学校要求总学分为 50）、已完成学分和成绩不及格的课程数。系统管理类应能管理所有学生的成绩，包括上面要求的基本功能，可用 Vector 来储存所有学生信息。主函数显示功能菜单，供用户选择操作。每步操作之前，都要显示菜单。

[1]https://github.com/Changhe160/book-cplusplus/tree/master/practice/data/module_project1。

课程设计（下） 学生选课和课程管理系统

一、课程设计目标

可视化工具使用，数据结构设计，面向对象的软件设计与开发。

二、课程设计内容与基本要求

学生选课和成绩管理是高等学校教务管理的重要组成部分，主要包括教师管理学生成绩模块、学生选课模块和系统管理模块。每门课程包括学分、学时、课程名字以及课程性质（必修和选修）等信息。每位教师可以教授若干门课程，并负责学生成绩的录入、删除、查找及修改、统计分析等。教师的信息还包括姓名和 ID。学生根据自己的专业要求进行选课，比如需要完成的总学分（学校要求总学分为 50）和必修课等情况。学生的信息还包括姓名、ID 和班号等。请设计一个系统实现对学生的选课和成绩的管理。系统要求实现以下功能。

1. 教师模块

(1) 成绩的录入：要求从文件读取。

(2) 成绩修改：若输入错误可进行修改；要求可以先查找，再修改。

(3) 查找：可以根据姓名（或学号）查找某个学生的课程成绩，查找某门课程成绩处于指定分数段内的学生名单等。

(4) 统计分析：对某个班级学生或所有选课的学生的单科成绩进行统计，求出平均成绩、标准差和及格率。

(5) 排序功能：对某个班级学生或所有选课的学生的单科成绩由高到低进行排序。

2. 学生模块

(1) 根据当前学分和课程性质选择相应课程。

(2) 退选某些课程的学习。

(3) 查看所选修课程的成绩和当前选修总学分。

3. 系统管理模块

(1) 学生入学或引进新教师时增加学生或教师信息的功能。

(2) 学生毕业或教师离职时删除学生或教师信息的功能。

(3) 增加或删除某一门课程的信息。

(4) 学生、教师或课程信息发生变动后，将结果保存到相应的新建文本里面。

三、附加功能

增加学生对教师的评价模块：学生对所选修课程进行评价并给出满意度成绩；教师模块可以查看学生评语和评分；系统管理模块根据学生的平均满意度对教师教学效果进行排序。

四、测试数据

测试数据见目录`data/module_project2`[①]：学生信息 (student.txt)、学生成绩记录（score.txt)、教师信息 (staff.txt) 和课程信息 (module.txt)，所有文件均以 #END 为结束标识。

五、实现要求

1. 禁止使用 STL 中的容器。
2. 在图形用户界面下调用以上所有功能模块并显示结果。

[①] https://github.com/Changhe160/book-cplusplus/tree/master/practice/data/module_project2。

参考文献

李长河，童恒建，叶亚琴，等，2018．C++ 程序设计（基于 C++11 标准）[M]．北京：电子工业出版社．

祁宇，2015．深入应用 C++11：代码优化与工程级应用 [M]．北京：机械工业出版社．

钱能，2005．C++ 程序设计教程 [M]．2 版. 北京：清华大学出版社．

吴乃陵，况迎辉，2006．C++ 程序设计 [M]．2 版. 北京：高等教育出版社．

郑莉，董渊，何江舟，2010．C++ 语言程序设计 [M]．4 版. 北京：清华大学出版社．

Bjarne Stroustrup，2010．C++ 程序设计原理与实践 [M]．王刚，等译．北京：机械工业出版社．

Michael Wong，IBM XL 编译器中国开发团队，2013．深入理解 C++11：C++11 新特性解析与应用 [M]．北京：机械工业出版社．

Scott Meyers，2006．Effective C++：改善程序与设计的 55 个具体做法 [M]．侯捷，译．北京：电子工业出版社．

Stanley B. Lippman，2013．Essential C++[M]．侯捷，译．北京：电子工业出版社．

Stanley B. Lippman，Josée Lajoie，Barbara E. Moo，2013.C++ Primer[M]．5 版. 王刚，等译．北京：电子工业出版社．

Stephen Prata，2012．C++ Primer Plus[M]．6 版. 张海龙，袁国忠，译．北京：人民邮电出版社．

附录　课程设计报告模板

××课程
课程设计报告

班级：

学号：

姓名：

原创性声明：

本人声明报告者中的内容和程序为本人独立完成，引用他人的文献、数据、图件、资料均已明确标注出。除标注内容外，不包含任何形式的他人成果，无侵权和抄袭行为，并愿意承担由此而产生的后果。

作者签字：
时间：

报告成绩

指导教师签字：

报告正文部分

一、课程设计题目与要求

包括题目与系统功能要求。

二、需求分析

包括问题描述、系统环境、运行要求等。

三、概要设计

包括系统流程设计、系统模块设计等。

四、详细设计

包括类的函数成员和数据成员设计、界面设计（见问题提示）及其他模块设计与实现。

五、测试

包括对各功能模块的测试。

六、结论

包括系统开发的总结和不足之处以及学习方法总结。

七、意见与建议

对课程教学的建议和意见。

八、附录

程序源代码、关键代码要作注释。

报告打印要求

A4 双面打印，正文用五号字体，但涉及到程序代码的地方用小五号字体。